安全宣传"五进"科普系列丛书

社 区
安全与应急

小海马科普工作室　编

应 急 管 理 出 版 社

· 北 京 ·

图书在版编目（CIP）数据

社区安全与应急 / 小海马科普工作室编 . -- 北京：应急
管理出版社，2024

（安全宣传"五进"科普系列丛书）

ISBN 978 - 7 - 5020 - 9744 - 8

Ⅰ.①社…　Ⅱ.①小…　Ⅲ.①社区安全—安全教育—
手册　Ⅳ.① X956 - 62

中国版本图书馆 CIP 数据核字（2022）第 221864 号

社区安全与应急（安全宣传"五进"科普系列丛书）

编　　者	小海马科普工作室
责任编辑	唐小磊　曲光宇　李雨恬
责任校对	李新荣
封面设计	卓义云天

出版发行	应急管理出版社（北京市朝阳区芍药居 35 号　100029）
电　　话	010 - 84657898（总编室）　010 - 84657880（读者服务部）
网　　址	www.cciph.com.cn
印　　刷	北京世纪恒宇印刷有限公司
经　　销	全国新华书店

开　　本	880mm×1230mm¹/₃₂　印张　3　字数　45 千字
版　　次	2024 年 1 月第 1 版　2024 年 1 月第 1 次印刷
社内编号	20221525　　　　　定价　25.00 元

小海马科普工作室

（按姓氏笔画排序）

王 晨　尹忠昌　孔 晶　田 苑

史欣平　曲光宇　刘永兴　李安旭

李雨恬　武振龙　郑素梅　孟 楠

徐 静　唐小磊　梁晓平

编写人员名单

尹忠昌　唐小磊　曲光宇　田 苑

郑素梅　孟 楠　李雨恬　史欣平

为扎实推进安全宣传进企业、进农村、进社区、进学校、进家庭（以下统称"五进"），牢固树立安全发展理念，大力加强公众安全教育，进一步提高全社会整体安全水平，国务院安委会办公室、应急管理部于 2020 年 5 月 6 日联合印发《推进安全宣传"五进"工作方案》（以下简称《方案》）。

方案实施几年来，全国很多地区在推动安全宣传"五进"工作走深走实、提质增效上做了大量工作，取得了显著成效。尽管全国安全生产形势和自然灾害总体情况持续好转，但依然较为严峻。据统计，2022 年全国共发生生产安全事故 2.6 万起、死亡 2.1 万人，全年各种自然灾害共造成 1.12 亿人次受灾、因灾死亡失踪 554 人。

数据统计发现，人的不安全行为在生产安全事故发生比例中，占比超过 50%；在较大的自然灾害中，最后生还的人员中有 50%~70% 是靠受灾人群的自救和互救。急救医学救援领域中的"白金十分钟，黄金一小时"，意即事故发生后的这个时间区间将人救活的比例最高。想要在十分钟内实施有效救援，大多数情况下还是要依赖民众的自救和互救。因此，提升民众的安全素质非常重要。

为进一步强化全社会公民安全意识，普及安全常识，提高安全能力，传递安全理念，培育安全习惯，使全社会公民安全素质不断得到提升，应急管理出版社小海马科普工作室策划编写了《安全宣传"五进"科普系列丛书》（以下简称《丛书》）。

《丛书》图文并茂、文字简练，注重内容的专业性、准确性、适用性，突出读来生动、遇事管用。希望《丛书》的出版能够为提升全民安全素质和社会整体安全水平作出贡献。

小海马科普工作室

2023 年 12 月

目次

CONTENTS

一 社区生活安全篇

（一）消防安全   3

（二）公共空间安全   9

（三）老年人与儿童安全   19

二 出行安全篇

（一）机动车驾驶   33

（二）骑行与步行   37

三 用电用气安全篇

（一）用电安全   45

（二）用气安全   54

四 装修安全篇

（一）房屋装修安全 61

（二）装修中的燃气安全 62

五 急救方法篇

（一）心肺复苏（CPR）方法 67

（二）自动体外除颤器（AED）方法 70

（三）常用的止血方法 72

（四）常用的包扎方法 75

（五）常用的固定方法 80

（六）常用的搬运方法 83

一

社区生活安全篇

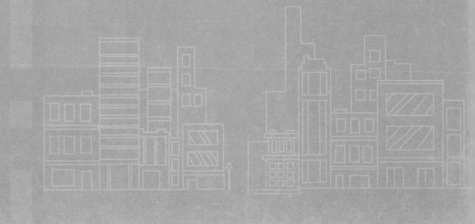

社区生活安全篇

- ★ 消防安全
- ★ 公共空间安全
- ★ 老年人与儿童安全

（一） 消防安全

➤ 社区常见火灾隐患

（1）在楼道、楼梯间堆放杂物，停放自行车、电动车等。楼道、楼梯间被堵塞，会严重影响人员疏散速度，无法达到建筑设计时的疏散要求。如果堆放的杂物着火，本来用于疏散人员的通道变成火场，会直接阻断人员的疏散，造成无法逃生的严重后果。

（2）消防设施老化、被破坏，无法起作用。除火灾探测报警装置失效、应急灯损坏、消防栓内无水外，楼梯间防火门常常被忽视。楼梯间的防火门如果损坏无法起作用，火灾产生的有毒烟气就会进入楼梯间，顺着楼梯间这个"大烟囱"迅速蔓延到其他楼层，导致灾害的迅速扩大，使本来用于疏散的楼梯间无法起到疏散的作用。

（3）消防通道被占用，消防车无法进入。小区设计规划之初都会考虑消防通道问题，以便于一旦发生火灾消防车的迅速进入，展开救援。现实中很多小区的消防通道都被私家车等车辆占用了，一旦发生火灾消防车无法顺利进入，严重影响火灾救援。

（4）私搭乱建破坏社区原有建筑格局。建筑设计之初都有防火和人群疏散方面的考虑，私改建筑格局会破坏这些功能，既会造成建筑防火功能丧失，还会影响到人员疏散。

（5）使用过多的易燃装饰材料装修。易燃装饰材料会助长火势蔓延。这些材料除产生常见的一氧化碳、二氧化碳等气体外，还能产生氯化氢、氰化氢等剧毒气体，严重影响人员疏散和灭火救援行动的展开。

（6）其他常见火灾隐患。如私接电线，或利用电线晾

晒衣物、悬挂物品；擅自改动燃气管路；电线老化或使用与线路不匹配的大功率电气设备等。

➤ 快速扑灭初起火灾的方法

发现火情后，如果没有灭火器具，就应该灵活运用身边可以立即拿到的东西来救火。

水盆——用盆接水泼洒或用水杯分数次浇泼着火源灭火。这种方法对灭小火效果较好。

被单——将棉制被单或毛毯在水中浸湿，从火源的上方慢慢盖下，盖好后，再浇上少量的水。这种方法对于油锅或煤油取暖炉引起的火灾较为有效，但要防止烧伤。

扫帚——将扫帚蘸水，成为湿扫帚，用其拍打火。一只手用扫帚拍火，另一只手向火中撩水会更有效，该方法还适合用于窗帘等纵向起火的初起火灾。

沙土——用铁锹挖土或扬沙覆盖掩埋窒息着火物体窒息灭火，主要用于地面油类火灾。

一般来讲，扑灭一般固体物质的表面火灾，可用扫帚树枝扑打，或用铁锹挖土覆盖掩埋，也可以用水桶泼水灭火；用砂可扑灭地面油类火灾；小罐、小桶内易燃可燃液体着火，可用棉被、麻袋等覆盖物浸湿后进行捂盖灭火；对于设备、管道阀门、法兰处泄漏物料引起的小火，可用湿棉被、湿麻袋等覆盖物捂盖或撒上一些干粉进行灭火。

➤ 安全快速的人员疏散方法

（1）镇定第一。一定要冷静下来，如果火势不大，可尽快采取措施扑救。如果火势凶猛，要在第一时间报警，并迅速撤离。

（2）注意风向。应根据火灾发生时的风向来确定疏散方向，在火势蔓延之前，朝逆风方向快速离开火灾区域。一般来说，当发生火灾的楼层在自己所处楼层之上时，就应迅速向楼下跑。逃生时要注意随手关闭通道上的门窗，以阻止和延缓烟雾向逃离的通道流窜。

（3）毛巾捂鼻。火灾烟气具有温度高、毒性大的特点，人员吸入后很容易引起呼吸系统烫伤或中毒。因此，逃离时要用湿毛巾掩住口鼻，并尽量避免大声呼喊，防止烟雾进入口腔。也可找来水打湿衣服、布类等用以掩住口鼻。通过浓烟区时，要尽可能以最低姿势或匍匐姿势快速前进。注意，呼吸要小而浅。

湿毛巾捂鼻法包括3步：①把毛巾打湿；②把毛巾拧干；③毛巾对折3次变成8层，这个时候再往脸上盖，相对来说，比较好呼吸。现在很多毛巾会比较厚，对折的次数可因毛巾的长短和厚度而异，如果觉得难以呼吸，可以对折两次。所以，湿毛巾捂鼻法的要诀就是在逃生中要沉着冷静，毛巾打湿以后要拧干捂在脸上再逃生。

不要以为有湿毛巾，就可以无所顾忌地穿越浓烟。湿毛巾是否有效得看具体情形，但有胜于无。在高温和浓烟条件下，湿毛巾确实起不到多大作用，但在火灾初起阶段或等待救援时，湿毛巾还是有一定帮助的。当烟雾很大，且不知道火灾地点在哪里的时候，可以关紧房门，并用衣物堵住门缝，防止烟气进来，然后开窗呼救，等待救援。如果身边恰好有湿毛巾，那么是可以用到的。但如果火势不大，人所处的位置靠近门口可以直接逃生，回去拿湿毛巾反而多此一举。

（4）结绳逃生。楼通道被火封住，欲逃无路时，可将床单、被罩或窗帘等撕成条结成绳索，牢系窗槛，顺绳滑下。家中有绳索的，可直接将其一端拴在门、窗、柜或重物上沿另一端爬下。在此过程中要注意手脚并用（脚作绞状夹紧绳，双手一上一下交替往下爬），要注意把手保护好，防止顺势滑下时脱手或将手磨破。

（5）暂时避难。在无路可逃的情况下，应积极寻找暂时的避难场所。如果在综合性多功能大型建筑物内，可利用设在电梯、走廊末端以及卫生间附近的避难间，躲避烟火的危害。若暂时被困在房间里，要关闭所有通向火区的门窗，用浸湿的被褥、衣物等堵塞门窗缝，并泼水降温，以防止外部火焰及烟气侵入。在被困时，要主动与外界联系，以便尽早获救。

（6）靠墙躲避。消防员进入着火的房屋时，都是沿墙壁摸索进行的，所以当被烟气窒息失去自救能力时，应努力滚向墙边或者门口。同时，这样做还可以防止房屋塌落砸伤自己。

（7）勿乘电梯。逃生不可使用电梯，应通过防火通道走楼梯脱险。因为失火后电梯竖井往往成为烟火的通道，并且电梯随时可能发生故障。

（二）公共空间安全

➤ 乘坐电梯安全

为保证乘客的人身安全和电梯设备的正常，请遵照以下规定正确使用电梯。

（1）禁止携带易燃、易爆或带腐蚀性的危险品乘坐电梯。

（2）请勿在轿门和层门之间逗留，严禁倚靠在电梯的轿门或层门上。

（3）严禁撞击、踢打、撬动，或以其他方式企图打开电梯的轿门和层门。

（4）在电梯开关门时，请不要直接用手或身体阻碍门的运动，这样可能导致撞击的危险。正确的方法是按压与轿厢运行方向一致的层站召唤按钮或轿厢操纵箱开门按钮。

（5）严禁乘坐明示处于非安全状态下的电梯。

（6）进入电梯前一定要看清脚下是真实的地板，防止发生高空坠落事故。

（7）离开电梯一定要确保电梯正常停靠在平层。乘客被困在轿厢内时，严禁强行扒开轿门以防发生人身剪切或坠落伤亡事故。

（8）乘坐电梯时请勿在轿厢内左右摇晃，请勿在电梯内蹦跳。

（9）禁止在轿厢内吸烟以免引起火灾。

（10）电梯因停电、故障等原因发生乘客被困在轿厢内时，乘客应保持镇静，及时与电梯管理人员取得联络。

（11）乘客发现电梯运行异常，应立即停止乘用并及时通知维保人员前来检查修理。

（12）乘坐客梯注意载荷，如发生超载请自动减员，以免因超载发生危险。

（13）当电梯门快要关上时，不要强行冲进电梯。

（14）等候电梯及进入电梯后不要背对厅轿门，以防止门打开时摔倒，并且不要退步进出电梯。

（15）电梯乘客应遵守乘坐须知、听从电梯服务人员的安排，正确使用电梯。

（16）学龄前儿童及其他无民事行为能力搭乘电梯的，应当有健康成年人陪同。

➤ 社区健身器材安全注意事项

（1）跑步机。双手应紧握横杠，防止摔下，双腿摆动幅度不宜过大，避免肌肉拉伤。

（2）组合单杠。双手紧握横杠，防止摔下受伤。

（3）旋转健腰器。扭转时腰部要有所控制，幅度不宜过大。手始终不要离开手柄，保持扭腰转角在45度以下，扭转速度要缓慢和均匀。

（4）腰背按摩器。用力适中，动作由缓到快。

（5）跷跷板。两手应紧握扶手，振荡频率不应过快、过大，否则易造成骨质疏松者椎体压缩骨折或尾骨受伤。

（6）太空漫步机。切忌摆动幅度过大，特别是老年人肌肉柔韧性差，如果双腿摆动的幅度过大，速度过快，很容易拉伤脊柱周围的肌肉。因此，摆腿的幅度应在45度左右，频率控制在每次3秒左右为宜。

（7）蹬力训练器。髌骨软化症老人禁用，髌骨软化症主要症状就是平时常有膝下痛。这样的老年人，本来髌关节的负重功能就不好，如果再进行蹬力器锻炼，伸膝肌群就可能会受损，从而加重病情。

（8）健骑训练机。这项运动很适合那些经常伏案、颈肌和腰肌都有劳损的人，但如果病情已发展到椎间盘突出，千万不要使用。

（9）牵引训练器。先试行引体向上，如果连一个引体向上都无法完成，最好别用。手力不够的老年人最好也不要做这项运动。

➤ 高空坠物的危害与防范

随着社区高楼的不断增多，高空坠物已经成为城市居民生活的重要威胁。从果皮、剩菜、粪便等生活垃圾，到令人恐惧的钢筋、石块、玻璃，高空坠物可谓五花八门，若不幸被其砸中，轻则致伤致残，重则性命难保。此外，坠物伤车事件更是不胜枚举，不少停在高楼下的车辆被砸

得"变脸破相"。高空坠物危害严重，此前经媒体多次报道并有专家用实验证明：人的颅骨可以承受的极限是 200～500 千克。从中高楼层扔一个鸡蛋下来，虽然理论上没有达到颅骨骨折的极限，但是砸在头上，也可能导致脑震荡或者颅内出血死亡。如果换作是同等质量的石头或其他坚硬的物品，所造成的伤害要大 1.5～3 倍。

那么如何预防高空坠物呢？

（1）不主动抛物。《中华人民共和国民法典》第一千二百五十三条规定，建筑物、构筑物或者其他设施及其搁置物、悬挂物发生脱落、坠落造成他人损害，所有人、管理人或者使用人不能证明自己没有过错的，应当承担侵权责任。所有人、管理人或者使用人赔偿后，有其他责任人的，有权向其他责任人追偿。第一千二百五十四条规定，从建筑物中抛掷物品或者从建筑物上坠落的物品造成他人损害的，由侵权人依法承担侵权责任；经调查难以确定具体侵权人的，除能够证明自己不是侵权人的外，由可能加害的建筑物使用人给予补偿。可能加害的建筑物使用人补偿后，有权向侵权人追偿。

（2）注意检查房屋。从高空坠下的物体小的有纸巾、果核、牙签，大的有晾衣架、烟灰缸、花盆，更让人触目惊心的还有钢板、防盗网等庞然大物。一些需要定期检查的点：门窗边沿螺丝和窗框是否出现松动脱落；外窗玻璃是否变形、破裂或发生松动；阳台、天面等悬挂物是否松动；阳台种植的植物，花盆等是否有坠落风险；外墙渗水情况。

（3）购买高空坠物险。窗框、花盆等因意外从自家中坠下导致他人受伤或他人财物损毁，而因这件事需负法律责任的费用将可获赔偿。甚至您所住楼宇范围内发生高空坠物，而无法确定肇事者，由此经法院判决由相关住户分摊的费用将可获赔偿。

（4）关注警示牌通告。一般经常坠物的路段常贴有警示牌等标志，注意查看绕行。

（5）尽量走内街。如果行走在高层建筑路段，尽量走有防护的内街等，可增一分安全保障。

（6）刮风下雨天更要注意。如沿海地区城市，多风暴雨天气，是坠物的高峰期，更要小心观察。

（7）购买人身意外保险。如果经济条件允许，建议购买人身意外保险。

➤ 养宠注意事项

如今，越来越多的家庭会养宠物，宠物虽然能够在主人孤独时提供陪伴，但是一旦淘气起来也会闯下大祸，一旦造成伤人事件，宠物主人就会被迫承担起相应责任，并对受到伤害的人进行经济赔偿。

那么，如何更安全地养宠物，避免这类事故的发生呢？

（1）尽量养个体较小、性格温顺的宠物。体型小、性格温顺的宠物伤人的概率较小，即使在失控的情况下也更容易被控制住。体型较大、性格凶悍的宠物在失控情况下很容易挣脱束缚而造成严重的伤人事故。

（2）犬类宠物出门一定要拴绳。《中华人民共和国动物防疫法》第三十条规定，携带犬只出户的，应当按照规定佩戴犬牌并采取系犬绳等措施，防止犬只伤人、疫病传播。

（3）遛宠物时要时刻集中注意力。一旦带宠物出门，尤其是在公共场合，务必要时刻看管好自己的宠物，尤其是有行人或者其他宠物经过的时候，务必要警惕，避免宠物因错误地识别到危险情况而伤害到他人。比如，很多人出门遛狗虽然给狗戴了牵引绳，但是只顾着自己低头看手机或者做别的事情，完全没有注意到自己手里还拉着牵引绳，一遇到突发情况，狗很容易挣脱牵引绳而造成伤人事故。

（4）疫苗一定不要忘了打。在宠物店购买宠物时，一定要问清楚宠物是否已经把该注射的疫苗都打完，就拿犬类来举例，其核心疫苗有四类：狂犬病疫苗、犬瘟热疫苗、腺病毒疫苗和细小病毒疫苗。《中华人民共和国动物防疫法》第三十条规定，单位和个人饲养犬只，应当按照规定定期免疫接种狂犬病疫苗。疫苗不仅保护宠物，而且也能间接保护被宠物误伤的人。

在和宠物玩闹的过程中，难免会被它们的爪子划伤，那么，被宠物抓伤后怎么处理呢？按照接触方式和伤口的暴露程度，分为 3 个等级，如果发生意外首先要判断受伤的严重程度，然后再采取不同的处理措施。

（1）1 级暴露。皮肤状态：抚摸或喂宠物，宠物接触的皮肤部分完整没有伤口。

（2）2级暴露。皮肤状态：宠物轻咬或无出血的轻微抓伤擦伤及咬伤；无明显出血的伤口或已闭合但未完全愈合的伤口接触宠物及其分泌物。

（3）3级暴露。皮肤状态：一处或多处穿透性皮肤咬伤或抓伤；尚未闭合的伤口或黏膜接触宠物及其分泌物或排泄物。

1级暴露舔触皮肤无伤口的情况，清洗暴露部位即可，无须进行其他医学处理，2级暴露和3级暴露建议按照以下3个步骤进行：

（1）清洗伤口。被咬伤后，用肥皂水和有一定压力流动（比如在水龙头下）的清水反复冲洗15~20分钟。

（2）伤口消毒。用 2%~3% 碘酒（碘伏）或 75% 酒精涂擦伤口内部，避免继发细菌感染，不包扎伤口、不涂软膏，如果伤口较深较大，尽快去医院作进一步专业清洗伤口和消毒。

（3）接种疫苗。在被咬伤的 24 小时内，应立即注射人用狂犬病疫苗，接种得越早越好，如无明显不良反应，必须全程接种。需要强调的是，被咬伤后，即使是再小的伤口，也有感染狂犬病的可能，同时也可能会感染破伤风。如果伤口很深，除了注射人用狂犬病疫苗外，还要增加注射抗狂犬病血清或狂犬病免疫球蛋白。

（三）老年人与儿童安全

➤ 老年人跌倒预防

老年人跌倒会造成严重的伤害，包括髋关节等部位骨折、硬脑膜下出血、软组织伤害或头部外伤。另外，有些老年人会因为害怕再次跌倒，而限制自我活动，渐渐失去了独立活动的能力，身体功能越来越差。预防老年人跌倒，可采取以下方法：

（1）不急起床。存在跌倒风险的老年人，醒后应卧床1分钟再坐起，坐起1分钟再站立，站立1分钟再行走。

（2）常设夜灯。老年人的视力渐渐退化，对光线的调节能力不如当年。所以，在年长者的活动范围内保持明亮的光线，是预防跌倒的第一步。另外，老年人易起夜，除了在房间常设一盏夜灯之外，也可在行经路线的走廊设置感应式的照明灯，避免被障碍物绊倒，电灯开关处也要有足够的识别亮度（例如开关内部有微小的光源、粘贴夜间发光的贴纸）。

（3）清除障碍，布局清静。老年人房间的基本原则就是"空间规划越简单越好"，要清空所有障碍物，包括堆放的杂物、家具、电线。最好去除3厘米以上的门槛，因为抬脚跨门槛的动作，会让重心集中在一只脚上，更容易跌倒。有些子女出于孝心，给父母买了新家具，或重新摆放房间内家具，但随意改变老年人房子里的格局是不对的，老年人记忆里还是以前房间熟悉的格局，导致在晚上起夜时，很容易被绊倒。

（4）贴心的浴室。浴室是最容易湿滑的地点，也是预防老人跌倒的重点。最好不要使用浴缸，因为浴缸的高度约45厘米，进入时必须单脚抬得很高，很容易跌倒。若已经安装，就一定要在旁边加装稳固的扶手，并在浴缸内外做好防滑的装置。建议在淋浴间及洗手台摆放不积水又防滑的椅子，方便老年人站累了时坐下来休息。

（5）地板贴防滑条。起居室的地面要铺粗糙面的防滑地砖，浴室地面也使用抓地力好、无抛光的材质。若是不想大兴土木改装地面，建议在老年人的活动路线贴上防滑条，特别是容易跌倒的地方，例如浴室、楼梯、下床处。防滑条的间距应该小于脚掌长度。至于经常被放在浴室防滑的拼装塑料垫，一定要铺满整个浴室，散落、没有固定的垫子，反而更容易让人滑倒。

（6）稳固的扶手。走道、楼梯及洗手间，均应设有扶手。另外，在椅子、马桶及床边加装扶手，可以帮助老年人起身及坐下，减轻腿部的负担。居家扶手安装的高度视个人身高而作调整，一般离地70~90厘米。

（7）座椅不能软。老年人坐下的时候，椅子高度要适宜。尽量不要让老年人坐软沙发，因为老年人下肢力量减弱，从软沙发上起来，需要两只胳膊用力支撑，一旦撑不住，就容易摔倒。

（8）合身的衣着。太长或太宽的衣裤、磨损严重的鞋子，都可能增加老年人跌倒的风险。鞋子大小要合适，最好具有防滑功能，尽量别穿需要系带的鞋。

（9）安全用药。有些药物可能会引起头昏眼花的副作用，增加跌倒的风险，例如降血压药、镇静剂、安眠药、利尿剂、感冒药等。应检查家中老年人的用药，与医生讨论考虑停止不必要的药物。

（10）增强腿力的运动。平衡训练、阻力运动、走路以及重心转移的综合性运动，有助于降低跌倒的风险。老年人要根据自身情况选择适宜的运动项目，进行平衡、步态、肌力和关节灵活性的锻炼。年岁越高，运动的幅度要越小。

➤ 老年人突发疾病救助措施

老年人突然发病往往是不分时间、地点和场合的，那么，老年人该如何及时有效地寻求帮助呢？

（1）家中突发疾病救助。如果老年人在家中突然发病，并出现剧烈头痛、眩晕、呕吐、呕血、咯血、心前区疼痛、口眼歪斜、偏瘫、跌倒、大小便失禁等急症之一时，家人应立即拨打"120"急救电话。在急救人员到达前，老年人最好在发病原地等候，不要随意移动。家人可根据老年人突发症状做一些简单处理，如有呕吐或咯血的，要及时清理呕吐物及血块，老年人平卧时将头偏向一侧，以免发生误吸及堵塞呼吸道；有明显心前区疼痛的，可以舌下含速效救心丸或硝酸甘油。将老年人以往看病的病历资料、正在服用的药物、身份证、社保卡、现金或银行卡准备好。急救车到达后，以就近为原则，送到离家最近的医院就诊。

（2）公共场所突发疾病救助。如老年人在公共场所突然发病，同时又无家人陪伴，神志尚清楚的老年人可自行或向他人求救拨打"120"急救电话，通话时一定要说清楚发病地点，注意要在原地等待急救车到来。如发病地附近有医院，病情较轻的可在他人帮助下，及时到医院就诊。

（3）旅途中突发疾病救助。如老年人是在旅途中（汽车、火车、轮船、飞机）突然发病，可向乘务人员求救。乘务人员将会根据老年人的情况，采取应急措施，将老年人的发病情况向旅客通报，请求旅客中的医务人员帮助，若是在汽车上，司机会将老年人送至离汽车最近的医院。

（4）送医后的沟通。被送到医院后，老年人或家属在与医生沟通时，要尽可能详细地叙述病情，告诉医生最明显的不舒服是什么，具体部位、开始出现时间、持续时间；发病时的情况，包括发病时间、地点、环境、发病缓急、症状及其严重程度；与发病有关的因素，包含感冒、外伤、情绪、气候、地理、生活环境、起居饮食改变等；以往身体情况，包括是否患有糖尿病、高血压、心脏病等，是否做过手术，做过什么手术，家庭内其他成员中有无患类似疾病，曾经对什么药物过敏，目前用药情况等。

➤ 社区常见儿童安全隐患

（1）社区娱乐健身设施。秋千可能会摔伤、撞伤儿童，秋千的链条可能会夹伤儿童；在滑梯上打闹可能会造成儿童摔伤；使用成年人健身器材玩耍可能会造成磕碰或被旋转部位夹伤等。

（2）小区机动车。随着小区内私家车数量的激增，车辆与行人挤道走现象突出，小区内的交通事故也时有发生。造成小区内交通事故的原因往往是部分车主开车车速过快或观察不够仔细，尤其在上下班时间，小区内机动车对在小区里玩耍的儿童容易形成危险。

（3）小区喷泉。小区喷泉的水深一般很浅，一些家长认为没有危险常常任由儿童进入喷泉池戏水。其实大部分喷泉都不能杜绝漏电的发生。一旦喷泉系统发生漏电，会给水池中的儿童带来严重伤害，甚至危及生命。而家长看到儿童跌倒在水池中，下水施救时也会触电，造成事故的扩大。

（4）走失。儿童总是向往着小区外面的新鲜世界，玩闹间非常容易出现走到小区外的情况，由此产生的儿童走失案件每年数不胜数。

（5）不明外来人员。随着小区住户增多，或小区内对外项目的开展，越来越多的外来人员频繁进入小区。混杂的环境，对时常在小区中玩耍的儿童的安全非常不利，容易发生绑架、伤害儿童的行为。

（6）窒息。护栏之间的空隙如果在 8.5~22 厘米之间，儿童的头或颈部一旦卡在里面，会导致窒息。

（7）沙坑。沙坑的危险常常被爸爸妈妈们忽视，其实沙坑也不是最安全的地方。一些沙坑里常常被调皮的小朋友埋了些硬物，如铁丝、树枝等，会损伤到脚底。一些飞扬的沙子还会飞到眼睛里，对眼睛造成伤害。

（8）坠落。独自留儿童在家或家长看护不严时，一些儿童在玩耍时可能会越过家中窗户造成坠落。在小区内玩耍时，一些儿童可能会借助攀登物登上高处，稍不注意就可能会造成坠落伤害。

➤ 预防儿童走失的六大措施

（1）要让儿童在视线范围内活动。带儿童外出时，要随时注意儿童是否在身旁或在视线范围内。切记不要一遇到熟人或感兴趣的事情，就只顾自己聊天或观赏而忘记了儿童，从而造成儿童意外失踪。

（2）给儿童穿戴一件鲜艳的衣帽。带儿童外出时，要给儿童穿戴一件鲜艳的衣帽。在人来人往的场所，鲜艳的颜色便于在人群中一眼认出儿童，有利于发现走失的儿童，但要警惕拐骗儿童的犯罪分子给儿童更换衣物，逃避查找。

（3）大人儿童走散儿童要原地站着。要经常地教育儿童，一旦走散，一定要在原地站着，不要坐下或蹲着，更不要躺着。为什么？儿童本来个头就矮，在人来人往的环境中，要是儿童蹲在地上就更难被发现。这是家长一定要教给儿童的小知识。同时，儿童一旦失踪，要及时报案。

（4）千万不要让儿童与陌生人接触。家长要教育儿童拒绝与陌生人接触，更不要接受陌生人给的饮料、糖果、礼物，不要主动向陌生人介绍自己的情况，坚决不要和陌生人搂抱，绝不能跟陌生人走等。提防犯罪分子以各种手段骗取儿童的信任，将儿童拐骗。家长有急事时，千万不要让陌生人照看儿童，哪怕时间很短，也不能这样做。根据以往的经验，在公共场所的厕所门前，儿童被拐骗的概率很大。

（5）提前和儿童模拟失踪情景进行演练。家长平时要和儿童模拟一旦失踪的应对方法。家长在生活中就要告诉儿童，遇到困难时可以向什么人、什么地方求救。到景区或公共场合，让儿童认识各种标识，通过制服让儿童认识保洁人员、安保人员、售货员和导购等。告诉他检票处、售票处、收银台、广播室这些地方可以停留，等待家人。

（6）保护儿童的个人信息。家长不要随意在社交网络上透露儿童的姓名、年龄等信息。给儿童佩戴标有家庭信息的物品，如水杯、饭盒、手帕等，以防万一。家长应注意儿童身上一些明显的体表特征，如黑痣、胎记、伤疤等。

➤ 寻找丢失儿童的"十人四追法"

（1）母亲原地不动，父亲发动亲友 10 个人向 4 个方向寻找。

（2）搜寻分成粗细两层，第一层粗的搜寻就是在 2 千米以内，沿着大路赶快去追，这要安排 4 个人，一个方向最少 1 人。

（3）细的搜寻就是在 2 千米之内，到主要的火车站、汽车站去找，也是 4 个人以上。之所以这样做，是因为有时候歹徒把儿童抱走后，会火速赶往火车站、汽车站，买张票马上就上车。所以我们要争时间抢速度，如果能比他快，就能把他截住。

（4）"十人四追法"中，除了 8 个人，另外 2 个人做什么呢？一个人去报警，一个人要留在家里。因为有的时候，儿童自己能够找到家。

警方介绍，110 接到儿童走失报警后，会第一时间和事发地的派出所联系。所以，儿童丢失可随时立案，不用等 24 小时后。指挥中心同时会将这一求助信息发到其他各个派出所和交警等相关部门。也就是说，警方在接到关于儿童走失的报警后，所有城区马路上的巡逻民警，包括交警等，都会投入到寻找失踪儿童的行列中来。

面对日益猖獗的拐卖儿童犯罪分子，仅仅告诉儿童"陌生人给的糖果不要吃"或者"找不到妈妈，就找警察"是远远不够的。

家长要教会儿童的技能：

（1）让儿童熟背父母联系电话、单位、姓名。

（2）有陌生人搭话时提高警惕，坚决不与陌生人同行。

（3）不要接受陌生人的食品、衣物，尽量避免与陌生人交谈。

（4）不轻易相信陌生人说认识自己的家人、老师、同学等。可以叫陌生人现场打电话给自己的父母求真伪。

（5）不要主动向陌生人介绍自己的情况。

（6）无法躲避陌生人时，尽量找值得信任的人求助，如警察、军人、保安。

（7）如果已经被陌生人拐走，儿童要找机会拨打"110"。家长还可以在儿童衣服或者裤子的口袋里装上写有联系方式的纸条，一旦发生类似情况，让儿童把纸条扔在人多的地方求援。

二

出行安全篇

出行安全篇

- ★ 机动车驾驶
- ★ 骑行与步行

（一） 机动车驾驶

➤ 酒后驾车的危害

酒后驾驶机动车是一种危险的驾驶行为，会带来非常大的安全隐患，不仅会给驾驶人自己和他人的人身安全带来危害，也会给社会带来危害，甚至造成追悔莫及的交通事故。酒后驾车的危害有哪些呢？

（1）车辆操作能力降低。饮酒后驾车，因酒精麻痹作用，行动笨拙，反应迟钝，操作能力降低，往往无法正常控制油门、刹车及方向盘，一旦出现紧急情况，事故的发生就是必然。

（2）路况的判断能力和反应能力降低。酒后的人对光、声的反应时间延长，从而无法正确判断安全间距与行车速度，不能准确接收和处理路面上的交通信息，从而容易导致事故的发生。

（3）视觉障碍。血液中酒精含量超过 0.3%，就会导致视力降低。在这种情况下，人已经不具备驾驶能力。如果酒精含量超过 0.8%，驾驶员的视野就会缩小，视像会不稳，色觉功能也会下降，导致不能发现和领会交通信号、交通标志标线，对处于视野边缘的危险隐患难以发现。

（4）心态不稳。喝酒后，在酒精刺激下，感情易冲动，胆量增大，过高估计自己，具有冒险倾向，对周围人的劝告不予理睬，往往做出力不从心的事情。

（5）易疲劳。酒后易犯困、疲劳和打盹，表现为驾车行驶不规律、空间视觉差等疲劳驾驶行为。

➤ 酒后驾车处罚规定

《中华人民共和国道路交通安全法》第九十一条规定，饮酒后驾驶机动车的，处暂扣 6 个月机动车驾驶证，并处 1000 元以上 2000 元以下罚款。因饮酒后驾驶机动车被处罚，再次饮酒后驾驶机动车的，处 10 日以下拘留，并处 1000 元以上 2000 元以下罚款，吊销机动车驾驶证。

醉酒驾驶机动车的，由公安机关交通管理部门约束至酒醒，吊销机动车驾驶证，依法追究刑事责任；5 年内不得重新取得机动车驾驶证。

饮酒后驾驶营运机动车的，处 15 日拘留，并处 5000 元罚款，吊销机动车驾驶证，5 年内不得重新取得机动车驾驶证。

醉酒驾驶营运机动车的，由公安机关交通管理部门约束至酒醒，吊销机动车驾驶证，依法追究刑事责任；10年内不得重新取得机动车驾驶证，重新取得机动车驾驶证后，不得驾驶营运机动车。

饮酒后或者醉酒驾驶机动车发生重大交通事故，构成犯罪的，依法追究刑事责任，并由公安机关交通管理部门吊销机动车驾驶证，终生不得重新取得机动车驾驶证。

其中，血液中的酒精含量大于或等于 20 毫克 /100 毫升、小于 80 毫克 /100 毫升为饮酒驾车；血液中的酒精含量大于或等于 80 毫克 /100 毫升为醉酒驾车。

➤ 社区道路行驶安全注意事项

对于很多车主来说，社区内的道路是最熟悉的道路，也是每天驾车的必经之路，但社区内的道路相对狭窄，两侧绿化及健身区域容易形成驾驶视野盲区；而且社区人员出入频繁，老年人、儿童甚至宠物的活动不确定性都给行车安全带来隐患，现在咱们就来聊一聊，社区内行车、停车的注意事项。

（1）取卡挂空挡。许多社区采用自主刷卡、取卡的方式进入。驾驶员应在门口主动停车取卡。停车时应确保挡位挂入空挡并拉起手刹，以免取卡时发生溜车；同时，车辆应尽量靠近取卡器以方便取卡。

（2）低速行驶。社区内道路狭窄，行人往往与机动车共用道路，另外住宅区内儿童比较多，有可能出现追逐打闹冲上道路或蹲在路中间玩耍等突发状况，同时，由于社区内遮挡物较多，驾驶员看不到的地方也就是视觉盲区更多，因此在社区行车时一定要降低车速，多注意观察道路周边情况，避免事故发生。

（3）倒车前先环顾四周。社区空间狭窄、障碍物多，加上身高有限，因此，儿童更容易出现在驾驶员的视觉盲区里，所以在社区内停车前最好先绕车观察周边环境，确保安全后再倒车。

（4）发生事故后先报警。如果在社区里遇到交通事故，一定要先报警。社区里的交通事故属于非道路交通事故，但是也需要依照道路交通事故相关法规进行处理。

（二）骑行与步行

➤ 电动自行车安全行车常识

（1）集中注意力。骑电动自行车的时候，要集中注意力。有很多人在骑电动自行车的时候，会拿手机打电话，甚至玩手机，这样的行为，不仅会给自己带来很大的危险，也会严重威胁他人安全。

（2）遵守交通规则。因为骑电动自行车比较灵活，所以道路上经常有电动自行车闯红灯、走机动车道甚至逆行的现象出现，由此造成的事故更是屡见不鲜。电动自行车看似速度不快，但是一旦有突发事件，留给他人和电动自行车驾驶员的反应时间其实很短，发生撞击后的力度也足以造成严重伤害。

（3）勿饮酒驾驶。电动自行车很轻巧，是近距离交通的方便之选。一些人知道酒后驾驶机动车处罚严厉，因此如果有需要喝酒的应酬会选择骑乘电动自行车赴宴。但就像前面说到的，电动自行车发生事故后造成的伤害一点也不轻，由于没有驾驶室的保护，一些事故造成的伤害甚至更重。为了自身与他人的安全，一定要避免酒后驾驶电动自行车。

（4）熟悉电动自行车的基本功能。比如在拐弯的时候，要及时地打开转向灯，有的电动自行车上面没有转向灯，可以伸出一只手表示转弯，这样会使出行更加安全。

（5）重视电动自行车的刹车。要及时检查电动自行车的刹车，如果觉得刹车不灵敏，应该第一时间进行修理或养护。同时，如果车速过快，再好的刹车也不能让电动自行车立刻停下来，而是会有一定的刹车距离，有时甚至会造成失去平衡摔倒。因此，重视刹车但不要盲目相信刹车能保证安全，控制车速最重要。

（6）小心遮挡物。骑电动自行车的时候，不要把注意力完全放在正前方，而是要经常性留意左右，特别是通过复杂路口的时候，要更加小心。横过公路时如有机动车让路也不要突然加速驶过，而是要留意让路的机动车旁是否有其他车辆突然驶过。经过胡同路口要减速，防止有行人突然出现造成躲避不及。

（7）遵守国家标准。《电动自行车安全技术规范》（GB 17761—2018）中规定，装配完整的电动自行车的整车质量小于或等于55千克；电动自行车的软硬件均应当具有防篡改设计，防止擅自改装或改动最高车速、功率、电压、脚踏骑行能力；严禁16周岁以下人员驾驶电动自行车上道路行驶；电动自行车应当在非机动车道内行驶，最高时速不得超过15千米，在没有非机动车道的道路上，应当靠车行道的右侧行驶；按法律法规规定搭载人员或物品（如《北京市非机动车管理条例》规定，成年人可以在驾驶人座位后部的固定座椅内载一名12周岁以下的儿童）；骑行时佩戴头盔；雨、雪天骑行，注意减速慢行。

（8）检查电动自行车的状态。骑行前要对电动自行车进行检查，如有异常请及时进行维修或找专业维修。检查内容包括：①电源电路、灯光照明电路等状态；②前、后闸能否正常工作；③车把及前后轮的紧固状态；④轮胎的气压；⑤反射器是否破损或污染。

➤ 步行安全常识

（1）不在马路上追逐、嬉戏、打闹、游戏，不要边走路边听音乐、看书、玩手机。上述行为会分散注意力，在危险降临时无法作出迅速反应。

（2）要在人行道内行走，没有人行道就靠路边行走，有过街天桥和地下通道的路段，自觉走过街天桥和地下通道。

（3）老年人外出最好有人陪伴，学龄前儿童在路上行走要有成人带领。

（4）行走时随时注意路面状况，遵守有关交通标志、路牌、标线的规定。道路并非一马平川，有些路段会有坑洼，有些路段会有路面维修，有些路面还会有井盖丢失的现象。因此，行走时切勿东张西望，要时刻留意自己行进方向的路面状况和各种指示标志，防止落入"陷阱"。

（5）不要在车辆临近时突然横穿公路，或者中途倒退、折返。

（6）不要翻越道路中间的安全护栏，不要依坐在人行道、车行道、铁路道口的护栏上。

（7）通过没有信号灯和交通标志线的路口时，要遵循"一停、二看、三通过"的原则，确认安全时，方可通过。

（8）不准在道路上扒车、追车、强行拦车或抛物击车。

三 用电用气安全篇

用电用气安全篇

★ 用电安全

★ 用气安全

（一）用电安全

> ## 预防触电伤害

触电事故是由电流的能量造成的，是电流伤害事故，分为电击和电伤，要注意以下几点安全要求。

（1）电气设备发生故障或损坏，如刀闸、电灯开关的绝缘或外壳破裂等，应及时报告，请电工检修，不要擅自拆卸修理。

（2）在生产中，如遇照明灯损坏或熔断器熔体熔断等情况，应请电工来调换或修理。调换熔体，粗细应适当，不能随意调大或调小，更不能用铁丝、钢丝代替。

（3）使用的电气设备，其外壳应按使用要求进行保护性接地或接零。

（4）使用手电钻、电砂轮等手用电动工具，应有漏电保护器，其导线、插销、插座必须符合三相四线的要求，要有接零（接地）保护。不得将导线直接插入插座孔内使用。

（5）在清扫环境时，不要用水冲洗开关箱或电气设备，更不要用碱水揩拭，以免设备受潮受蚀，造成短路和触电事故。

（6）在雷雨天，不要走近高压电线杆、铁塔、避雷针的接地导线周围 20 米以内，以免有雷击时发生雷电流入地产生跨步电压触电。

（7）对设备进行维修时，一定要切断电源，并在明显处放置"禁止合闸，有人工作"警示牌。

> ## 预防雷电伤害

雷击具有极大的破坏力，可造成电线杆、房屋等被劈裂倒塌以及人、畜伤亡，还会引起火灾及易爆物品的爆炸。

（1）建筑物上装设避雷装置，即利用避雷装置将雷电流引入大地而消失。

（2）在雷雨时，人不要靠近高压变电室、高压电线和孤立的高楼、烟囱、电线杆、大树、旗杆等，更不要站在空旷的高地上或在大树下躲雨。

（3）在郊区或露天操作时，不要使用金属工具，如铁撬棒等。

（4）不要穿潮湿的衣服靠近或站在露天金属商品的货垛上。

（5）雷雨天气时在高山顶上不要开手机，更不要打手机。

（6）雷雨天不要触摸和接近避雷装置的接地导线。

（7）雷雨天，在户内应离开照明线、电话线、电视线和网络线等线路，以防雷电侵入被其伤害。

（8）打雷时不要开窗、打手机和电话，不要拿喷头洗澡，不要游泳。

（9）野外遇雷不要平躺地面，应两脚并拢，双手抱头，蹲下身体，披上不透水的雨衣。

➤ 电动车电气安全注意事项

近年来，电动自行车、电动摩托车、电动三轮车等电动车以其经济、便捷等特点，逐步成为群众出行代步的重要工具，保有量迅猛增长。但由于安全技术标准不健全、市场监管不到位、存放充电方面问题突出等原因，电动车火灾事故频发，给人民群众生命财产安全造成重大损失。

1）电动车起火多发时间——夜间

超过一半的电动车火灾都发生在夜间充电的过程中。根据过往的案例来看，电动车火灾伤亡事故一般发生在晚上充电时。很多人都是在楼道内充电，这个时间段正是人们休息的时候，即使发现了，往往也没有时间逃离，而且电动车放在楼道内，直接把逃生通道切断了。

电动车燃烧实验证明，一旦电动车燃烧起来，会产生大量有毒浓烟。毒烟以1米每秒的速度快速向上，所以1楼电动车着火很快会导致整幢楼陷入毒烟密布的状态。居民一旦吸入有毒浓烟，只需3~5口就会昏迷，随后窒息死亡，而一台电动车燃烧产生的浓烟足以使上百人窒息死亡。因此，电动车火灾极易造成群死群伤的火灾事故。

消防法律法规规定：禁止在疏散通道、安全出口、楼梯间停放电动车。

2）电动车火灾频发的原因

（1）线路老化。电动车使用时间久了，车里的连接线路很容易老化、短路。如果车内的导线发生短路，加上外部温度过高，就很容易发生燃烧。

提 示

整车线路使用时间长了容易老化，建议用户最好在半年至一年时间内，定期到维修点作检查。另外，在高温天气下骑行之后，要把车子放在阴凉处，等车子以及电池的温度降下来后再充电。

（2）电池短路。一般电动车自燃，人们很容易将缘由归结到电池上来。大多数锂电池爆炸燃烧，是因为电池内部短路导致内部温度升高，电解液汽化，出现外壳膨胀的现象，膨胀力度超过外壳和泄压阀（保护阀）的承受强度，就会发生爆炸燃烧的现象。

> **提　示**
>
> 据有关技术标准，电动车内普通电池使用年限为 1.5~2.5 年，所以建议用户定期更换电池，并且一定要到正规店铺购买匹配的电池，不要选择劣质的电池。

（3）充电器不匹配。不匹配的电动车充电器也有可能会导致电动车起火。现在很多家庭不止一辆电动车，不同品牌的电动车充电器千万不要混合使用，这样不仅会给电动车电池带来损伤，也会埋下安全隐患。

> **提　示**
>
> 不同品牌充电器不混合作用，如果充电器损坏，请要到正规店铺购买。

（4）过多充电。过多充电也是引发电动车自燃的重要原因。一般情况电动车充 8 小时左右的电就能够满足用户的需求。实际情况中，很多用户为了省事都是直接让电动车充电过夜，充电 12 小时，甚至更长时间。这样不仅不会有积极效果，反而会降低电池的性能。

保证电动车的充电时间，当电池电量剩余 30% 左右时及时充电，一般夏天充电 6~8 小时，冬天充电 8~10 小时为宜，电池不宜过度放电。

（5）电压不稳。当多辆电动车同时充电时，就会导致电压不稳，容易引发安全事故。另外，还有些人喜欢私拉电线充电，也会埋下安全隐患。

绝不私拉电线，在正规电动车充电处充电。

➤ 触电急救措施

触电急救的第一步是使触电者迅速脱离电源，第二步是现场救护。

1）脱离电源

（1）就近关闭电源开关，拔出插销或保险，切断电源。要注意单极开关是否装在火线上，若是错误地装在零线上不能认为已切断电源。

（2）用带有绝缘柄的利器切断电源线。

（3）找不到开关或插头时，可用干燥的木棒、竹竿等绝缘体将电线拨开，使触电者脱离电源。

（4）可用干燥的木板垫在触电者的身体下面，使其与地绝缘。如遇高压触电事故，应立即通知有关部门停电。要因地制宜，灵活运用各种方法，快速切断电源。

2）现场救护

（1）若触电者呼吸和心跳均未停止，此时应让触电者就地躺平，安静休息，不要让触电者走动，以减轻心脏负担，并应严密观察呼吸和心跳的变化。

（2）若触电者心跳停止、呼吸尚存，则应对触电者做胸外心脏按压。

（3）若触电者呼吸停止、心跳尚存，则应对触电者做人工呼吸。

（4）若触电者呼吸和心跳均停止，应立即按心肺复苏方法进行抢救。

3）注意事项

（1）动作一定要快，尽量缩短触电者的带电时间。

（2）切不可用手、金属或潮湿的导电物体直接触碰触电者的身体或与触电者接触的电线，以免引起抢救人员自身触电。

（3）脱离电源的动作要用力适当，防止因用力过猛造成在场的其他人员受伤。

（4）在帮助触电者脱离电源时，应注意防止触电者被摔伤。

（5）进行人工呼吸或胸外心脏按压抢救时，不得轻易中断。

（6）不要让触电者直接躺卧在潮湿冰凉的地面上，要保持触电者的体温。

（7）救助触电者不可盲目使用强心剂。对触电时发生的不危及生命的轻度外伤，可在触电急救后处理；严重外伤，应与人工呼吸同时处理。

（二） 用气安全

➢ 安全用气的基本常识

（1）燃气包括天然气、液化石油气、人工煤气等，由于他们的热值不同，燃具的构造也不同，使用天然气就必须用天然气的灶具。正确选择与燃气气种相符的燃具，能确保用户的用气安全。

（2）燃气的安装和使用必须是在空气流通的与浴室（卫生间）、卧室、客厅相隔的独立厨房或阳台，并禁止堆存易燃物。

（3）严禁将燃气热水器安装在客厅、浴室（卫生间），严禁在有燃气设施的房间内住人。

（4）严禁将燃气设施和计量表暗装暗埋。严禁私自拆装、改造、迁移或启封燃气设施。严禁私拆计量装置、盗用燃气。

（5）软管安装，应在2米以内，不准弯折、拉伸、扭转或蹋压等。严禁乱拉超长度软管或软管过墙。

（6）严禁擅自改变用气性质，扩大用气范围等。严禁
燃气设施所在的房间有两种火源。

➤ 怎样检查用气设施是否漏气

天然气是我们经常使用的一种燃料，一旦泄漏会对人
的生命财产造成很大危害，一定要严加防范，及时排查天
然气设备，辨别天然气泄漏。当怀疑气管、阀门等漏气时，
可按下述步骤处理：

（1）闻气味。最简单的辨别方式是闻气味。为了方便
人们识别天然气泄漏，家用的天然气一般都经过特别的处
理，有很大的刺鼻味道，人们闻了之后会有头昏、恶心等
感觉。

（2）用肥皂水检查。可以在怀疑漏气的地方（胶管、
接口处、管道、旋塞阀等）抹点肥皂水或者洗涤剂水。如
果漏气，肥皂水会出现气泡。

（3）查看天然气表。这种方法比较直接，如果在没有
使用天然气时，天然气表指针仍然走的话，那就说明有漏
气，但当泄漏量较少时，天然气表的走动不明显，很容易
被忽视。

（4）安装天然气泄漏报警器。现在市面上很容易能买
到天然气泄漏报警器。它的工作原理就是当空气中的燃气

达到一定指标时，警报器会自动报警，并切断相关天然气设施。这时不应该开电气设备、打火等，应该先开窗透气，等警报解除之后，再排查问题。

（5）听声音。有的时候管道上面小裂口、接口等处有天然气泄漏时，可能会有很小的"刺刺"声音，如果有听到，一定要先打开门窗，然后结合以上几种方式认真排查一下。

（6）严禁用明火查漏。

➤ 煤气中毒的症状及抢救措施

通常说的煤气中毒就是一氧化碳中毒。一氧化碳是一种无色、无味气体，化学式为 CO。造成中毒的原因通常是在通风不良的环境中烧煤取暖，也有些是煤气管道泄漏，使用热水器等。因为一氧化碳与血红蛋白的亲和力比氧大300 倍，大量一氧化碳吸入体内后，会形成大量碳氧血红蛋白，导致急性血液性缺氧。根据吸入量的多少，一氧化碳中毒的症状有轻、中、重之分。

轻度中毒症状有头晕、胸闷、心慌、眼花、恶心耳鸣、腿软、头痛等症状。患者及时离开中毒环境，呼吸新鲜空气，中毒症状很快就会消失。

中度中毒症状除了轻度中毒症状外，患者呼吸、脉搏增快，全身无力，颜面潮红，四肢冰凉，嗜睡。患者的嘴唇、胸部与四肢皮肤潮红，如樱桃颜色。让患者脱离中毒环境吸入新鲜空气或氧后，患者可很快苏醒，一般不会留下后遗症。

重度中毒患者深度昏迷，大小便失禁，呼吸浅快，四肢软瘫，各种反射消失，血压下降，瞳孔先缩小后扩大。这时即使抢救成功，也会留下精神障碍的后遗症。

煤气中毒的抢救措施：

（1）打开室内门窗，迅速将患者移到空气新鲜的室外，解开患者衣扣（注意保暖）。有条件的可以直接给中毒者吸氧。

（2）如患者能饮水，可给予热糖茶水或其他热饮料。

（3）若中毒者已昏迷，可立即针刺其人中、劳宫、涌泉、十宣等穴位，促其苏醒。

（4）若中毒者的呼吸、心跳已停止，应立即进行人口呼吸和胸外心脏按压。要注意将中毒者的头偏向一侧，清除口、鼻的呕吐物及分泌物，摘下假牙。

（5）遇到煤气中毒者，在抢救的同时应第一时间拨打"120"急救电话。

四 装修安全篇

装修安全篇

★ 房屋装修安全

★ 装修中的燃气安全

（一） 房屋装修安全

住户对住宅进行装修，必须保证房屋的整体性、抗震性和结构安全性符合防火、防水、保温、隔音、卫生等有关规定及建筑功能要求，不影响相邻住户的正常使用。

社区装饰装修活动，禁止下列行为：

（1）未经原设计单位或者具有相应资质等级的设计单位提出设计方案，变动建筑主体和承重结构。

（2）将没有防水要求的房间或者阳台改为卫生间、厨房间。

（3）扩大承重墙上原有的门窗尺寸，拆除连接阳台的砖、混凝土墙体。

（4）损坏房屋原有节能设施，降低节能效果。

（5）侵占公共空间，占用、损害公共、共用部位和设施、设备或者移装共用设备。

（6）在平台、屋顶以及道路或者其他场地搭建建筑物、构筑物及破坏楼顶防水层。

（7）改变阳台的用途，安装外伸晒衣架、遮阳棚、花架。

（8）排放有毒、有害物质或者发出超过规定标准的噪声。

（9）破坏、改变建筑物的建筑面积。

（二）装修中的燃气安全

装修过程中，在您忙于改善家庭居住环境的同时一定要注意燃气安全。下面这些装修时的燃气安全知识，您可一定要留意！

（1）禁止私自拆装、改造、迁移燃气设施，禁止擅自改变用气性质，扩大用气范围。燃气管道、设备，都是严格按照国家有关技术规范设计、安装、检验后才投入使用，以确保供、用气设施的严密性及使用安全性。未经天然气公司专业人员现场勘察、整改、检验，用户私自移动管线、设施的安装位置，其严密性、安全性和耐用性都无可靠保障，造成极大的安全隐患。所以，用户的用气环境改变或需要对天然气设施进行改动安装，必须按程序到天然气公司申请办理，统一整改验收。

（2）燃气热水器安装注意事项。安装、改造燃气热水器要请有燃气具安装资质的专业人员按规定进行安装改造，杜绝盲目安装、使用，以免造成事故。更要注意的是，安装热水器时切忌将水管和气管接反。居民用户自来水压力远远大于管道气压力，如果接反，本该进入热水器水系统的自来水会沿着户内燃气管道倒灌入地下燃气管道，把管道堵塞，造成范围性停气事故。如果涉及的小区有埋深较深的管道，需要对地下管进行开挖割开排水，重新置换才能恢复通气，耗时耗力，影响范围更大。

（3）严禁包封燃气管道。装修时不可将燃气管道和燃气表封闭在柜子里，不可将管线暗埋在墙壁中。因为燃气的管道、阀门、计量表等设施，需要经常检查和定期保养。将燃气设施封闭起来，会给检查和维修工作带来不便。另外，一旦燃气发生泄漏，密闭的天花板或柜内空间就会积存燃气，不易发现，当燃气积聚到一定浓度时遇明火，就容易引发爆炸事故。

（4）请不要随意拆除燃气管道上的固定管卡，以免造成燃气管道的松脱，引发燃气泄漏、火灾、爆炸等事故。

（5）装修时请将燃气表、调压器等燃气设施用塑料包装袋包裹起来，严防水泥侵蚀，严禁用硬物乱敲乱撞。

（6）燃气管道上不能悬挂重物。在管道上放东西，容易把管道压坏，造成泄漏，危害您的安全。

（7）在进行装修设计时，不可把电源插头装在管道附近，至少应保持 15 厘米的距离。

五

急救方法篇

急救方法篇

- ★ 心肺复苏（CPR）方法
- ★ 自动体外除颤器（AED）方法
- ★ 常用的止血方法
- ★ 常用的包扎方法
- ★ 常用的固定方法
- ★ 常用的搬运方法

（一） 心肺复苏（CPR）方法

心肺复苏（CPR）方法如下：

（1）首先评估现场环境安全。

（2）意识的判断：用双手轻拍病人双肩，问："喂！你怎么了？"告知无反应。

（3）检查呼吸：观察病人胸部起伏5～10秒（1001、1002、1003、1004、1005…）告知无呼吸。

（4）呼救：来人啊！喊医生！推抢救车！除颤仪！

（5）判断是否有颈动脉搏动：用右手的中指和食指从气管正中环状软骨划向近侧颈动脉搏动处，告之无搏动（数1001、1002、1003、1004、1005…判断5秒以上10秒以下）。

（6）松解衣领及裤带。

（7）胸外心脏按压：两乳头连线中点（胸骨中下1/3处），用左手掌根紧贴病人的胸部，两手重叠，左手五指翘起，双臂伸直，用上身力量用力按压30次（按压频率

100 ～ 120 次 / 分，按压深度至少 5 厘米而不超过 6 厘米)。

（8）打开气道：仰头抬颌法。口腔无分泌物，无假牙。

（9）人工呼吸：应用简易呼吸器，一手以 "CE" 手法固定，一手挤压简易呼吸器，每次送气 400 ～ 600 毫升，频率 10 ～ 12 次 / 分。

（10）持续 2 分钟的高效率的 CPR：以心脏按压：人工呼吸 = 30：2 的比例进行，操作 5 个周期（心脏按压开始送气结束）。

（11）判断复苏是否有效（听是否有呼吸音，同时触摸是否有颈动脉搏动）。

（12）整理病人，进一步生命支持。

注意事项：

（1）口对口吹气量不宜过大，一般不超过 1200 毫升，胸廓稍起伏即可。吹气时间不宜过长，过长会引起急性胃扩张、胃胀气和呕吐。吹气过程要注意观察患（伤）者气道是否通畅，胸廓是否被吹起。

（2）胸外心脏按压只能在患（伤）者心脏停止跳动下才能施行。

（3）口对口吹气和胸外心脏按压应同时进行，严格按吹气和按压的比例操作，吹气和按压的次数过多和过少均会影响复苏的成败。

（4）胸外心脏按压的位置必须准确。不准确容易损伤其他脏器。按压的力度要适宜，过大过猛容易使胸骨骨折，引起气胸血胸；按压的力度过轻，胸腔压力小，不足以推动血液循环。

（5）施行心肺复苏术时应将患（伤）者的衣扣及裤带解松，以免引起内脏损伤。

（二） 自动体外除颤器（AED）方法

2020 年 10 月 27 日，北京市启动轨道交通车站配置自动体外除颤仪（简称 AED）工作。2022 年底，北京市所有轨道交通车站将实现 AED 设备全覆盖，一线站务人员培训取证率达 80% 以上。AED 的使用十分便捷，普通人也能掌握其使用方法。

（1）开启 AED，打开 AED 的盖子，依据视觉和声音的提示操作（有些型号需要先按下电源）。

（2）给患者贴电极，在患者胸部适当的位置上，紧密地贴上电极。通常而言，两块电极板分别贴在右胸上部和左胸左乳头外侧，具体位置可以参考 AED 机壳上的图样和电极板上的图片说明。也有使用一体化电极板的 AED，如在 2022 年北京冬奥会会场配置的 ZOLL AED Plus。

（3）将电极板插头插入 AED 主机插孔。

（4）开始分析心律，在必要时除颤，按下"分析"键（有些型号在插入电极板后会发出语音提示，并自动开始分析心率，在此过程中请不要接触患者，即使是轻微的触动都有可能影响 AED 的分析），AED 将会开始分析心率。分析完毕后，AED 将会发出是否进行除颤的建议，当有除颤指征时，不要与患者接触，同时告诉附近的其他任何人远离患者，由操作者按下"放电"键除颤。

（5）一次除颤后未恢复有效灌注心律，进行 5 个周期 CPR。除颤结束后，AED 会再次分析心律，如未恢复有效灌注心律，操作者应进行 5 个周期 CPR，然后再次分析心律，除颤，CPR，反复至急救人员到来。

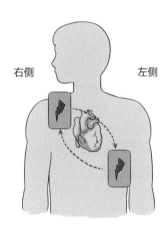

右侧　　左侧

注意事项：

（1）AED 瞬间可以达到 200 焦耳的能量，在给病人施救过程中，请在按下通电按钮后立刻远离患者，并告诫身边任何人不得接触靠近患者。

（2）患者在水中不能使用 AED，患者胸部如有汗水需要快速擦干胸部，因为水会降低 AED 功效。

（3）如果在使用完 AED 后，患者没有任何生命特征（没有呼吸心跳）需要马上送医院救治。

（三）常用的止血方法

人体在突发事故中引起的创伤，如割伤、刺伤、物体打击伤和碾伤等，常伴有不同程度的软组织和血管的损伤，造成出血症状。

常用的止血方法主要有压迫止血法、止血带止血法、加压包扎止血法和加垫屈肢止血法。

➤ 压迫止血法

这是一种最常用、最有效的止血方法，适用于头、颈、四肢动脉大血管出血的临时止血。在一个人负伤流血以后，只要立刻用手指或手掌用力压紧伤口附近靠近心脏一端的动脉跳动处，并把血管压紧在骨头上，就能很快起到临时止血的效果。

头部前面出血时，可在耳前对着下颌关节点压迫额动脉；头部后面出血时，应压迫枕动脉止血，压迫点在耳后乳突附近的搏动处。颈部动脉出血时，要压迫颈总动脉，此时可用手指按在一侧颈根部，向中间的颈椎横突压迫，但绝对禁止同时压迫两侧的颈动脉，以免引起大脑缺氧而昏迷。上臂动脉出血时，压迫锁骨上方，胸锁乳突肌外缘，用手指向后方第一根肋骨压迫。前臂动脉出血时，压迫肱动脉，用四个手指掐住上臂肌肉并压向臂骨。大腿动脉出血时，压迫股动脉，压迫点在腹股沟皱纹中点搏动处，用手掌向下方的股骨面压迫。

➤ 止血带止血法

适用于四肢大出血。用止血带（一般用橡皮管、橡皮带）绕肢体绑扎打结固定。上肢受伤可扎在上臂上部1/3处；下肢扎于大腿的中部。若现场没有止血带，也可以用纱布、毛巾、布带等环绕肢体打结，在结内穿一根短棍，转动此棍使带绞紧，直到不流血为止。在绑扎和绞止血带时，不要过紧或过松，过紧会造成皮肤或神经损伤；过松则起不到止血的作用。

➤ 加压包扎止血法

适用于小血管和毛细血管的止血。先用消毒纱布或干净毛巾敷在伤口上，再垫上棉花，然后用绷带紧紧包扎，以达到止血的目的。若伤肢有骨折，还要另加夹板固定。

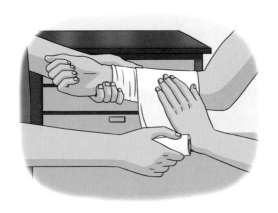

> ### 加垫屈肢止血法

多用于小臂和小腿的止血，利用肘关节或膝关节的弯曲功能，压迫血管达到止血目的。在肘窝或膝窝内放入棉垫或布垫，然后使关节弯曲到最大限度，再用绷带把前臂与上臂（或小腿与大腿）固定。

如果创伤部位有异物不在重要器官附近，可以取出异物，处理好伤口；如无把握就不要随便将异物取掉，应立即送医院，经医生检查，确定未伤及内脏及较大血管时，再取出异物，以免发生大出血措手不及。

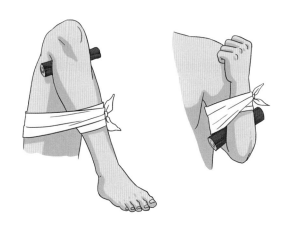

（四） 常用的包扎方法

　　包扎是外伤现场应急处理的重要措施之一，是各种外伤中最常用、最重要、最基本的急救技术之一。及时正确的包扎，可以达到压迫止血、减少感染、保护伤口、减少疼痛，以及固定敷料和夹板等目的；相反，错误的包扎可导致出血增加、加重感染、造成新的损害、遗留后遗症等不良后果。

　　包扎时，要做到快、准、轻、牢。快，即动作敏捷迅速；准，即部位准确、严密；轻，即动作轻柔，不要碰撞伤口；牢，即包扎牢靠，不可过紧，以免影响血液循环，也不能过松，以免纱布脱落。

常用的包扎方法主要有三角巾包扎法和绷带包扎法。

➢ 三角巾包扎法

1）头部帽式包扎法

将三角巾底边折出2指宽的边，正中点平放在前额眉上，顶角向后拉盖住头顶，然后两底边沿两耳上方向后拉至枕部下方，左右交叉压住顶角，再将两底边经耳上绕到前额打结，最后将顶角向上掖入交叉处。

2）胸部包扎法

将三角巾底边横放于伤侧胸，顶角上拉经伤侧肩至背后，把左右两底角拉到背后，在顶角正下方打结，再和顶角相结。

3）腹部包扎法

将三角巾顶角朝下，底边横放腹部。两底角在腰后打结，然后将顶角由两腿间拉至腰后与底角打结。

4）单肩燕尾式包扎法

将三角巾折成夹角约80度的燕尾巾。夹角朝上，向后的一角压住向前的一角，放于伤侧肩部，燕尾底边包绕上肩在腋前打结，然后两燕尾角分别经胸和背部拉到对侧腋下打结。

5）双肩燕尾式包扎法

将三角巾折叠成两燕尾角等大的燕尾巾。夹角朝上对准颈后正中。左右两燕尾由前往后包绕肩部到胸下，与燕尾底边打结。

6）上肢悬吊包扎法

将三角巾铺于伤员胸前，顶角对准肘关节稍外侧，屈曲前臂并压住三角巾，两底角绕过颈部在颈后打结，肘部顶角反折用别针扣住。

7）膝（肘）包扎法

将三角巾折叠成适当宽度的带式，将带的中段斜放于膝（肘）伤部，包绕肢体一周打结。

8）手部包扎法

将三角巾底边横放在腕部下面，手掌向下放在三角巾中央，再将顶角反折盖住手背，然后将两底角交叉压住顶角，在腕部绕一周打结，再将顶角折回打结内。

9）足部包扎法

将三角巾底边横放于踝部后侧，脚底向下放在三角巾中央，再将顶角反折盖在脚背上，然后将两底角交叉压住顶角，在踝部绕一周打结，再将顶角折回打结内。

➤ 绷带包扎法

1）绷带环形包扎法

绷带环形包扎法适用于肢体粗细相等部位，如颈部、胸腹部、四肢、手指、脚趾。小伤口的包扎一般都用此法。

（1）将绷带作环形缠绕，第一圈略斜一点，第二圈与第一圈重叠，将第一圈斜出的一角压于环形圈内，这样固定更牢靠些。

（2）第三圈开始每一圈都将上一圈压住约3/4，按同一方向缠绕直至将敷料全部包裹住。

（3）将绷带剪断，用胶带或别针固定，或剪开带尾成两头打结，或者将绷带反方向再拉出一段，形成一边单层，一边双层，然后打结。

2）绷带螺旋包扎法

绷带螺旋包扎法适用于四肢和躯干等处。

从肢体较细部位开始，把绷带向渐粗部位缠绕，每一圈压在上一圈的1/2处，然后将绷带尾端固定。

3）绷带螺旋反折包扎法

绷带螺旋反折包扎法适用于四肢的包扎。

将绷带由肢体细端开始缠绕，每绕一圈把绷带反折一下，盖住上一圈的1/3～2/3，然后固定。

4）绷带"8"字形包扎法

绷带"8"字形包扎法多用在肩部、膝部、脚踝（髂、髌）等部位。

先绕两圈固定，然后一圈向上缠绕，再一圈向下，每圈在正面和前一圈相交叉，并压盖前一圈的1/2，然后固定绷带尾端。

用"8"字形包扎手和脚时，手指、脚趾无创伤时应暴露在外，以观察血液循环情况如水肿、发紫等。

5）回返法

回返法用于头和断肢端的包扎。

将绷带多次来回反折。第一圈从中央开始，接着每圈一左一右，直至将伤口全部包住，然后将反折的各端固定。此法需要一位助手在反折时按压一下绷带的反折端。松紧要适度。

6）绷带蛇形包扎法

绷带蛇形包扎法多用在夹板的固定上。

与上面方法相同的是，蛇形法也是先将绷带头压住，然后按每圈与上一圈间隔为一个绷带宽度来缠绕，到末端后再反折回来缠第二层，将上一层的空隙盖住，固定。

注意事项：

（1）对充分暴露的伤口，要尽可能先用无菌敷料覆盖伤口再进行包扎。

（2）不要在伤口上打结，以免压迫伤口而增加伤员的痛苦。

（3）包扎不可过紧或过松，以免滑脱或者压迫神经血管影响远端血液循环。如果包扎四肢，一定要暴露肢端，以便随时观察肢端血液循环情况。

（4）由远心端向近心端包扎，以助静脉血液的回流。

（五） 常用的固定方法

固定的目的是防止对血管、神经、脏器的损伤，减轻疼痛、预防休克，扶托肢体、舒适安全、便于运送。对疑有骨折的伤员应按骨折进行急救处置。一切动作要求谨慎、稳妥和轻柔。

➤ 锁骨骨折

用毛巾或敷料垫于两腋前上方，将三角巾折叠成带状，两端分别绕两肩呈"8"字形，拉紧三角巾的两头在背后打结，尽量使两肩后张。

如仅一侧锁骨骨折，用三角巾把患侧手臂悬兜在胸前，限制上肢活动即可。

➢ 肱骨骨折

用长、短两块夹板，长夹板放于伤员上臂的后外侧，短夹板置于前内侧，在骨折部位上下两端固定，将其肘关节屈曲90度，使前臂呈中立位，再用三角巾将上肢悬吊，固定于胸前。

➢ 前臂骨折

协助伤员屈肘90度，拇指向上，取两块合适的夹板，其长度超过肘关节至腕关节的长度，分别置于前臂的内、外侧，然后用绷带于两端固定牢、三角巾将前臂悬吊于胸前，呈功能位。

➢ 大腿骨折

取一长夹板放在伤腿的外侧，长度自足跟至腰部或腋窝部，另用一夹板置于伤腿内侧，长度自足跟至大腿根部，然后用绷带或三角巾分段将夹板固定。

➢ 小腿骨折

取长短相等的夹板（从足跟至大腿）两块，分别放在伤腿的内、外侧，然后用绷带分段扎牢。

紧急情况下无夹板时，可将伤员两下肢并紧，两脚对齐，然后将健侧肢体与伤肢分段固定一起，注意在关节和两小腿之间的空隙处垫以纱布或其他软织物以防包扎后骨折部弯曲。

➤ 脊柱骨折

脊柱骨折的伤员仰卧、俯卧于硬板、硬质担架上，腰不能弯曲；必要时，可用绷带将伤员固定于木板上。

➤ 骨盆损伤

用三角巾或大块布料将骨盆作环形包扎，使伤员仰卧于硬板或硬质担架上，膝下加垫使之微屈。

注意事项：

（1）不要盲目复位，以免加重损伤。

（2）外露伤口骨折断端禁止送回伤口内。

（3）松紧适宜，不影响血液循环，又能固定伤患处。

（4）指（趾）外露，以便观察血液循环。

（5）夹板不可与皮肤直接接触。

（6）在夹板两端、骨骼突起部、悬空部位应加衬垫；夹板长度与宽度，要与骨折肢体相适。

（7）避免不必要的搬动与较强的活动。

（六）　常用的搬运方法

针对不同的伤情要选用不同的搬运方法。常用的搬运方法主要有四人搬运法、侧翻搬运法、扶持搬运法、背负搬运法。

➢　四人搬运法

有四个人搬抬伤员时，每人将双手平放，分别插入到病人的头、胸、臀和下肢下面，使伤员身体保持在同一水平线上，一人负责其头部稳定，一人负责搬抬胸背部，一人负责腰及骨盆，一人负责下肢搬抬。准备好后，喊一、二、三，同时将伤员轻轻搬起，保持脊柱轴线水平稳定后，然后平稳地搬运伤员并放在担架上。

➢　侧翻搬运法

伤员侧卧，将担架正面紧贴伤员背部，由两人同时将伤员连同担架侧翻，使伤员置入担架。

➢ 扶持搬运法

扶持搬运法适用于清醒的伤员，其在有人帮助下能自己行走。

➢ 背负搬运法

背负搬运法适用于清醒、老弱、年幼、体型较小较轻的伤员。

针对特殊伤的伤员，其搬运方法如下：

➢ 脊柱骨折的搬运

对于脊柱骨折的伤员，在固定骨折或搬运时要防止其脊椎弯曲或扭转，因此不能用普通软担架搬运。使用硬质担架，搬运时使伤员头、肩、臀和下肢保持固定状态，以免造成脊髓断裂和下肢瘫痪的严重后果。

➢ 颈椎骨折的搬运

对于颈椎骨折的伤员，其搬运需要3~4人，搬运方法同脊柱骨折。专人牵引，固定头部，然后一人托肩，一人托臀，一人托下肢，动作一致抬放到硬板担架上。伤员颈下垫一个小垫子，使头部与身体呈一条直线，颈两侧用颈托或沙袋固定，肩部略垫高，防止头部左右扭转和前屈后伸。

➤ 骨盆骨折的搬运

对于骨盆骨折的伤员，搬运时需要其仰卧，两腿髋、膝关节半屈，膝下垫好衣卷，两大腿略外展。用1~2条三角巾折成宽带，固定伤员的臀部和骨盆，然后再用一条三角巾折成宽带围绕膝关节固定，由3人平托，将伤员放在硬板担架上搬运。

➤ 颅脑损伤的搬运

对于颅脑损伤的伤员，搬运时其应向健侧卧位或稳定侧卧位，以保持呼吸道通畅，头部两侧应用衣卷固定，防止摇动。

➤ 腹部内脏脱出的搬运

内脏脱出首先应用消毒纱布与干净的碗固定脱出的内脏，搬运时，伤员采取仰卧位，膝下垫高，使腹壁放松，减轻疼痛。同时可根据伤口的纵横形状采取不同的卧位，如腹部伤口横裂的，两腿屈曲；伤口横裂的就把腿放平，伤口不易裂开。

注意事项：

（1）搬运时应严密观察伤员意识、呼吸、心跳的变化，随时准备紧急救护。

（2）外伤出血休克的伤员，应卧位搬运，头部略低，保证大脑血液和氧气供应。

（3）禁止给需要手术的伤员饮水或进食（麻醉时可能因呕吐造成窒息或吸入性肺炎）。

（4）对于间断抽搐的伤员，要保护其口舌，并防止跌伤。

（5）根据季节采取保暖、防暑措施。